U0253378

数学 趣味 故事

专供版

“一公斤”的固执

[西班牙] 大卫·帕罗马 著 [西班牙] 玛贝尔·皮埃罗拉 绘
张雪玲 译

H.P.H 哈尔滨出版社
HARBIN PUBLISHING HOUSE

黑版贸审字08-217-013号

图书在版编目（CIP）数据

“一公斤”的固执 /（西）大卫·帕罗马著；（西）玛贝尔·皮埃罗拉绘；张雪玲译. — 哈尔滨：哈尔滨出版社，2018.6
（数学趣味故事：专供版）
ISBN 978-7-5484-3883-0

Ⅰ.①一… Ⅱ.①大… ②玛… ③张… Ⅲ.①数学 - 少儿读物 Ⅳ.①O1-49

中国版本图书馆CIP数据核字（2018）第 021586 号

Title of the original edition: UN KILO DE MANIAS
Originally published in Spain by edebé, 2011
www.edebe.com

书　　名：“一公斤”的固执

作　　者：［西］大卫·帕罗马　著　　［西］玛贝尔·皮埃罗拉　绘
译　　者：张雪玲
责任编辑：马丽颖　孙　迪
封面设计：小萌虎文化设计部：李心怡

出版发行：哈尔滨出版社（Harbin Publishing House）
社　　址：哈尔滨市松北区世坤路738号9号楼　　邮编：150028
经　　销：全国新华书店
印　　刷：吉林省吉广国际广告股份有限公司
网　　址：www.hrbcbs.com　　www.mifengniao.com
E-mail：hrbcbs@yeah.net
编辑版权热线：（0451）87900271　87900272
销售热线：（0451）87900202　87900203
邮购热线：4006900345（0451）87900256

开　　本：710mm × 1000mm　1/24　　印张：1.5　　字数：5千字
版　　次：2018年6月第1版
印　　次：2018年6月第1次印刷
书　　号：ISBN 978-7-5484-3883-0
定　　价：36.80元

凡购本社图书发现印装错误，请与本社印制部联系调换。　服务热线：（0451）87900278

从前有一位先生，独居多年，他拥有很多固执的习惯。

比如他睡觉时每只手臂下都要各夹着两个抱枕，起床的时候都要先抬左脚。工作日时他会用冷水沐浴，周末则会用热水洗澡。

1 Kg

他坐在桌前时总是与桌子垂直，早餐吃最有胃口的那道菜。之后用长牙刷刷上牙，用长度短一半的牙刷刷下牙。

每天，当他出去买东西时，都会带着一个、三个或者五个篮子……（永远是单数）啊，对了，而且他买东西都有特定重量呢！

“您可以给我一公斤的茄子吗？”

“还有吗？”

“有，再来一公斤长长的胡萝卜。”

“还有吗？”

“再来一公斤番茄。”

菜店老板很纳闷为什么这个先生总是买一公斤的东西。

水果店老板也觉得奇怪。

“一公斤，”先生彬彬有礼地说道，“请给我称一公斤草莓。”

“还有吗？”

“再来一公斤香蕉，要不太熟的。”

“还有吗？”

“再随便给我一公斤其他商品。”

连论个儿卖的货物他都要按重量来买。

有一次他对书店女店主说：“请问您能给我一公斤书吗？”

女店主抬了抬眉毛，摇了摇头。但是由于这个先生坚持不懈，她最终还是拿出了秤，放了六七本书。

先生朝她眨了眨一只眼睛，说：“有没有再厚一点的书？”

女店主去拿了两本厚厚的大书，开始称起来。
“您看，差不多是一公斤了，就差五十克。”

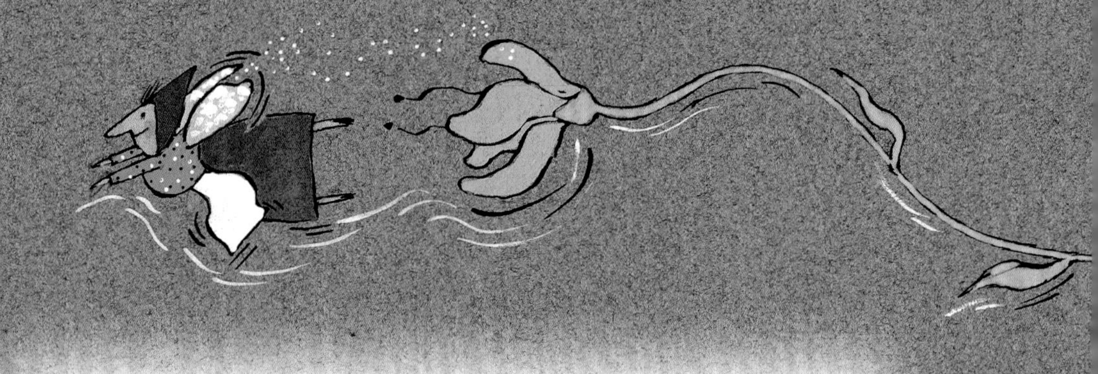

对“一公斤”抱有执念的这位先生不够秤不罢休，于是他说：“能否再加一章爱情小说呢？”

一天，菜店老板、水果店老板和书店女店主达成一致，决定给“一公斤”先生提提建议。首先他们要提醒他这么多公斤蔬菜水果对于独居的人来说实在太多（食物如果不及时消耗就会腐烂坏掉）。另外他们还说，有的商品是以重量计价，有的却是论个儿卖的。

1 Kg

听到他们的建议后，“一公斤”先生表示感谢，但是他却曲解了他们的建议，现在买东西的时候他开始说：“请给我半公斤胡萝卜、半公斤土豆、半公斤青椒和半公斤大蒜……”

之后，当他前往水果店时会说：“请给我称半公斤草莓、半公斤枇杷、半公斤哈密瓜，还有半公斤桃子……”

菜店老板和水果店老板很高兴，因为“一公斤”先生现在不再称一公斤的食品了，但是他们觉得这位先生还是对重量单位保留着顽固的习惯。

“一公斤”先生来到书店后，用余光偷偷地看了一眼女店主。他拿起一本厚书开始翻页，随后又拿了另一本厚书来到了收银台。他迟疑了片刻，脸上泛起了红晕……

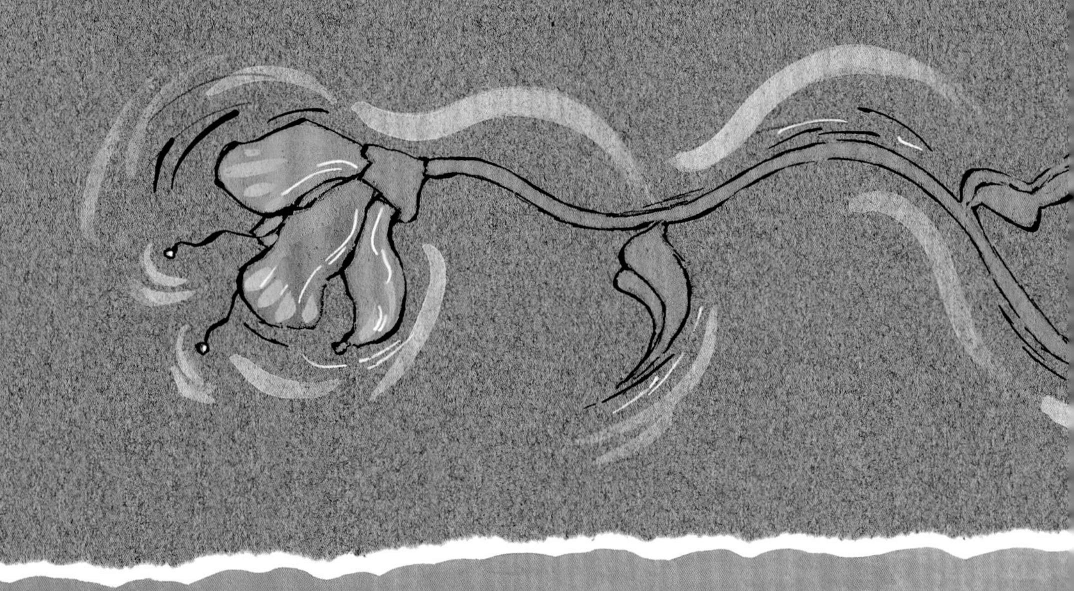

最后，他鼓起勇气说：“您可以卖给我……半公斤……？”

女店主抬了抬眉毛。

他一鼓作气地说完了下面的话：“（您可以卖给我）半公斤您的爱慕吗？您是那么温柔甜美。然后再给我把这两本书包装起来作为礼物。”

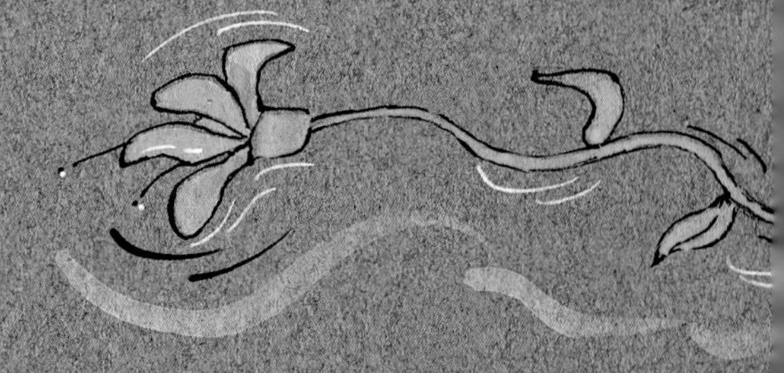

之后……谁能想到呢？女店主点头表示同意。他们从此幸福地生活在了一起。更重要的是，女店主教会了他恰当的购物方式，“一公斤”先生现在买东西可以直呼物品的名字啦。

多亏了书店的女店主，这位独居多年的孤独男士终于摆脱了种种怪习惯。不过有必要提及他养成的另一个激情饱满的新习惯：每天他都要在一个小本子上印遍吻痕。

这样他的吻就可以称重了。每天晚上他的吻肯定装了好几箩筐呢。

数学趣味故事

数学趣味故事丛书里面的每个故事都围绕一个数学内容展开，故事讲述和数学教育浑然一体，让读者能自然而然、饶有兴趣地理解。少年儿童可以在阅读的过程中，潜移默化地吸收知识。

为了达到这种寓教于乐的效果，我们邀请了杰出的儿童文学作家、插图画家和数学教育专家。

《“一公斤”的固执》向孩子们介绍了**质量单位**——公斤和半公斤（斤），并教会他们学习选择合适的单位。另外这个动人的故事还涉及了许多主题，比如**健康教育和消费者教育**。